BEI GRIN MACHT SICH IHR WISSEN BEZAHLT

Anja Meixner

Mitarbeiterbefragung - Geschlechterspezifische Zufriedenheit mit Führungskräfteverhalten

GRIN Verlag

Bibliografische Information der Deutschen Nationalbibliothek:

Die Deutsche Bibliothek verzeichnet diese Publikation in der Deutschen National-
bibliografie; detaillierte bibliografische Daten sind im Internet über http://dnb.d-
nb.de/ abrufbar.

Impressum:

Copyright © 2012 GRIN Verlag GmbH
Druck und Bindung: Books on Demand GmbH, Norderstedt Germany
ISBN: 978-3-656-31890-3

Dieses Buch bei GRIN:

http://www.grin.com/de/e-book/203769/mitarbeiterbefragung-geschlechterspezifi-
sche-zufriedenheit-mit-fuehrungskrafteverhalten

GRIN - Your knowledge has value

Der GRIN Verlag publiziert seit 1998 wissenschaftliche Arbeiten von Studenten, Hochschullehrern und anderen Akademikern als eBook und gedrucktes Buch. Die Verlagswebsite www.grin.com ist die ideale Plattform zur Veröffentlichung von Hausarbeiten, Abschlussarbeiten, wissenschaftlichen Aufsätzen, Dissertationen und Fachbüchern.

Besuchen Sie uns im Internet:

http://www.grin.com/

http://www.facebook.com/grincom

http://www.twitter.com/grin_com

Fachhochschule für angewandtes Management in Erding
Fachbereich Wirtschaftspsychologie
Sommersemester 2012

Studienfach "Forschungsmethoden und angewandte Statistik"

Studienarbeit

Forschungsarbeit:
Mitarbeiterbefragung – Geschlechter spezifische Zufriedenheit mit Führungskräfteverhalten

Vorgelegt von:

Anja Meixner

3. Semester

Tag der Einreichung:
30. Juli 2012

Inhaltsverzeichnis

1   Einleitung

Der Begriff Statistik ist mehrdeutig und nicht klar abgrenzbar. Zum einen deutet er auf eine tabellarische oder grafische Darstellung eines vorliegenden Datensatzes hin, wie etwa die Statistik der Umsatzzahlen des letzten halben Jahres oder Ausfuhrzahlen eines Landes.[1] Zum anderen bedeutet der Begriff „Statistik" die Gesamtheit der Methoden, die für die Gewinnung und Verarbeitung empirischer Informationen relevant sind.[2]

Die Aufbereitung, Beschreibung und Darstellung von Informationen als Daten in Tabellen oder Grafiken nennt man beschreibende oder deskriptive Statistik. [3] Der zweite Teilbereich der Statistik nennt sich induktive, schließende Statistik. Hierbei zieht man Schlussfolgerungen aus dem mit statistischen Erhebungen (meist Stichproben) gewonnen Datenmaterial. [4] Als Mittelbereich zwischen der beschreibenden Statistik und der induktiven Statistik kann die explorative Statistik gesehen werden.

Hierauf beruht der Fokus dieser Studienarbeit. Bei der explorativen Statistik werden Hypothesen aufgestellt, die mithilfe von statistischen Analysen überprüft werden. Mithilfe der Statistiksoftware SPSS sollen nun herausgefunden werden, welche Variablen zu Zufriedenheit beim „weiblichen" Geschlecht führen, ob es Zusammenhänge zwischen Berufsausbildung und Führungswahrscheinlichkeit gibt und ob es Indizien dafür gibt, dass Spaß an der Arbeit etwas mit Führungszufriedenheit zutun hat.

2   Statistische Analyse des Datensatzes mit SPSS

Die folgenden Analysen werden auf Basis des von Herrn Pflaum zur Verfügung gestellten Datensatzes mithilfe des Programms SPSS durchgeführt.

„IBM SPSS Statistics ist ein Programm zur statistischen Datenanalyse. Es kann Dateien aus vielen Formaten einlesen und daraus Tabellen und Grafiken erstellen, sowie komplexe statistische Analysen durchführen."[5] SPSS ist das weltweit führende Statistik-Software-Programm für Unternehmen, Behörden, Forschung und akademische Institutionen.

Gegenstand dieser Untersuchung ist es herauszufinden, welche Variablen die Zufriedenheit mit Führungskräfteverhalten bei Frauen beeinflusst, ob es dabei geschlechtsspezifische Unterschiede gibt und herauszufinden, inwiefern der Bildungsabschluss die Zufriedenheit

---

1   Vgl. Bamberger G., Baur F., Krapp M. (2008), Seite 1
2   Bamberger G., Baur F., Krapp M. (2008), Seite 1
3   Vgl. Hartung J. (2005), Seite 2
4   Vgl. Bol, G. (2003), Seite 1
5   Hochschulrechenzentrum der Universität Bonn (2012), Online

mit Führungskräfteverhalten beeinflusst.

Zufriedenheit berücksichtigt in diesem Zusammenhang die Analyse der zentralen Bereiche „Übernahme von Führungsverhalten" und „die allgemeine Zufriedenheit mit der Führungskraft" als selbst nicht „führende" Person.

2.1 Allgemeine Zusammenhänge Geschlecht/Bildungsstand

Häufigkeiten

Betrachtet man bei einer statistischen Gesamtheit mit verschiedenen Elementen (Merkmalsträger) ein einziges Merkmal, so wird dieses bei den einzelnen Elementen in unterschiedlichen Ausprägungen auftreten. Reiht man diese Beobachtungen aneinander, erhält man eine Beobachtungsreihe oder Urliste. Bei der Analyse von Häufigkeitsverteilungen werden die einzelnen Elemente ausgezählt und in absolute oder relative Häufigkeiten eingeteilt.[6]

Der vorliegende Datensatz soll hinsichtlich grundlegender Zusammenhänge in Bezug auf Geschlecht und Bildungsstand analysiert werden. Analysiert man die Häufigkeit, wie viele Frauen den Fragebogen beantwortet haben, erhält man eine Aussage. 383 Personen wurden zur Teilnahme gebeten, 213 Fragebögen (55,6 %) wurden aussagekräftig ausgefüllt und abgesendet. Mit 51,2 % ist die knappe Mehrheit der Befragten weiblich.

Geschlecht

		Häufigkeit	Prozent	Gültige Prozente	Kumulierte Prozente
Gültig	weiblich	109	28,5	51,2	51,2
	männlich	104	27,2	48,8	100,0
	Gesamt	213	55,6	100,0	
Fehlend	-77	168	43,9		
	keine Angabe	2	,5		
	Gesamt	170	44,4		
Gesamt		383	100,0		

Die Variable „Geschlecht" kann nun genauer untersucht werden, indem man auswertet, wie viele Frauen welchen Bildungsabschluss belegen.

---

6 Vgl. Bleymüller J., Gehlert G., Gülicher H. (2000), Seite 7

Hypothese mit nominalen Variablen

Höchster Bildungsabschluss * Geschlecht Kreuztabelle

Anzahl

		Geschlecht		Gesamt
		weiblich	männlich	
Höchster Bildungsabschluss	Hauptschulabschluss	2	3	5
	Realschulabschluss	11	7	18
	Berufsschulabschluss	11	8	19
	Abitur	42	26	68
	Studium Diplom FH	8	4	12
	Studium Diplom Uni	9	20	29
	Studium Bachelor	16	13	29
	Studium Master	2	6	8
	Promotion	1	5	6
	Meister / Fachwirt	3	6	9
	Berufsakademie (z.B. duale akademische Ausbildung, VWA, o.ä.)	3	5	8
Gesamt		108	103	211

Von den 109 Frauen in unserer Stichprobe haben 108 Frauen auf die Frage nach dem höchsten Bildungsabschluss geantwortet. Die Antworten ergaben dass 42 Frauen (38,9 %) als höchsten Bildungsabschluss „Abitur" oder „Fachhochschulreife" besitzen.

Will man beispielsweise Verteilungshypothesen (Hypothesen, die unbekannte Verteilungen von Grundgesamtheiten betreffen) testen, so kann man dies mit einem Chi-Quadrat-Test machen.[7] „Bei der Prüfung einer Verteilungshypothese untersucht man, ob die in einer Stichprobe beobachtete Verteilung mit der für die unbekannte Verteilung der Grundgesamtheit gemachten Annahme in Widerspruch steht oder nicht. Anders formuliert: Man entscheidet, ob die Unterschiede zwischen der Verteilungsannahme in der Stichprobe beobachteten und der aufgrund der Verteilungsannahme in der Stichprobe erwarteten Verteilung noch dem Zufall zugeschrieben werden können oder nicht."[8]

Wie der Chi-Quadrat-Test unserer Untersuchung zeigt, ist das Ergebnis der gezogenen Stichprobe nicht signifikant (0,07). Das Geschlecht hat also keinen Einfluss auf den späteren Bildungsstand.

Signifikanz von Informationen bedeutet, dass Ergebnisse nicht aufgrund von Zufällen entstehen, sondern auf überzufällige Mechanismen zurückzuführen sind. Ein gemessener Zusammenhang zwischen zwei Variablen tritt also nicht zufällig auf, sondern trifft für die

---

7 Vgl. Bleymüller J., Gehlert G., Gülicher H. (2000), Seite 127
8 Bleymüller J., Gehlert G., Gülicher H. (2000), Seite 127

Grundgesamtheit zu. Auf Signifikanz geprüft werden können Hypothesen, aber keine Einzelmerkmale von Ergebnissen.[9] Ein Signifikanzniveau von <0,05 gilt dabei als signifikant, Werte unter 0,01 als sehr signifikant.

Chi-Quadrat-Tests

	Wert	df	Asymptotische Signifikanz ...
Chi-Quadrat nach Pearson	17,201[a]	10	,070
Likelihood-Quotient	17,733	10	,060
Zusammenhang linear-mit-linear	6,887	1	,009
Anzahl der gültigen Fälle	211		

a. 10 Zellen (45,5%) haben eine erwartete Häufigkeit kleiner 5. Die minimale erwartete Häufigkeit ist 2,44.

Symmetrische Maße

		Wert	Asymptotischer Standardfehler[a]	Näherungsweises T[b]	Näherungsweise Signifikanz
Nominal- bzgl. Nominalmaß	Phi	,286			,070
	Cramer-V	,286			,070
	Kontingenzkoeffizient	,275			,070
Intervall- bzgl. Intervallmaß	Pearson-R	,181	,067	2,662	,008[c]
Ordinal- bzgl. Ordinalmaß	Korrelation nach Spearman	,176	,068	2,580	,011[c]
Anzahl der gültigen Fälle		211			

a. Die Null-Hyphothese wird nicht angenommen.
b. Unter Annahme der Null-Hyphothese wird der asymptotische Standardfehler verwendet.
c. Basierend auf normaler Näherung

Da sich keine klare Mehrheit bei der Verteilung des Geschlechts in unserer Stichprobe feststellen lies, soll an dieser Stelle analysiert werden, wie die Variable „Höchster Bildungsabschluss" in unserer gesamten Stichprobe ausfällt.

9   Vgl. Pepels W. (2004), Seite 297

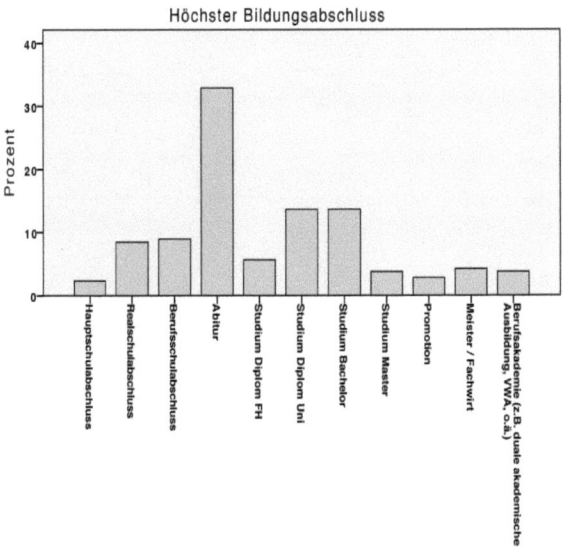

Der Modus der Variable „Höchster Bildungsabschluss" liegt mit 32,9 % bei Abitur oder Fachhochschulreife, was die allgemeine Häufigkeitsverteilung in Bezug auf den „höchsten erworbenen Bildungsabschluss" bestätigt. Der Modus (Modalwert) einer Stichprobe ist der dabei am häufigsten genannte Wert einer Merkmalsverteilung.[10] Weiterhin sind 32,9 % der Befragten im Besitz eines Abiturs oder der Fachhochschulreife, 13,6 % besitzen ein abgeschlossenes Studium mit Bachelor oder Diplom, 8,9 % eine abgeschlossene Berufsausbildung, 8,5 % Realschulabschluss und nur 2,3 % einen Hauptschulabschluss. Eine kumulierte Häufigkeit von 77,5 % im Bereich der höheren Bildungsabschlüsse weist darauf hin, dass wir es mit einem gehobenen Bildungsstand in unserer Stichprobe zu tun haben.

2.2   Allgemeine Zusammenhänge Geschlecht/Führungsverantwortung

Häufigkeiten

Um später Hypothesen bezüglich Bildungsstand und Führungspositionen aufstellen zu können, soll an dieser Stelle analysiert werden, wie viele Führungspersonen an der erhobenen Stichprobe teilgenommen haben.

---

10 Vgl. Griffiths D. (2009), Seite 73

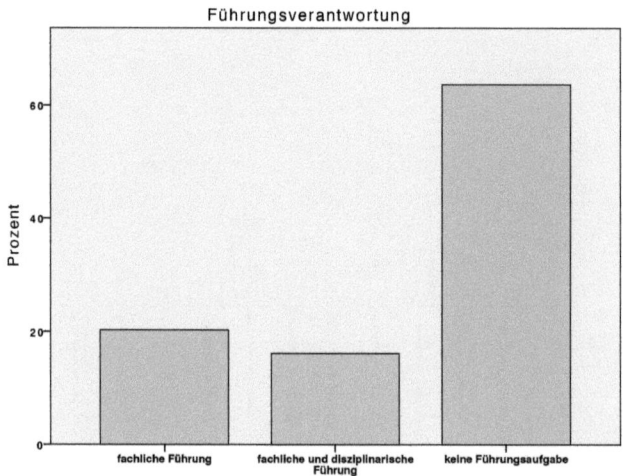

Führungsverantwortung

		Häufigkeit	Prozent	Gültige Prozente	Kumulierte Prozente
Gültig	fachliche Führung	58	15,1	20,3	20,3
	fachliche und disziplinarische ...	46	12,0	16,1	36,4
	keine Führungsaufgabe	182	47,5	63,6	100,0
	Gesamt	286	74,7	100,0	
Fehlend	keine Angabe	97	25,3		
Gesamt		383	100,0		

Wie die Häufigkeitsverteilung zeigt, haben an der Stichprobe 58 Personen (20,3 %) mit fachlicher Führung, 46 Personen (16,1 %) mit fachlicher und disziplinarischer Führung und 182 Personen (63,6 %) mit keiner Führungsaufgabe teilgenommen.

Hypothese mit nominalen Variablen

Zusammenhänge zwischen zwei Variablen können am leichtesten in Form einer Kreuztabelle dargestellt werden. „Die prozentualen Anteile der untersuchten Meinungsgegenstände sind dabei Inhalt der Kreuztabellen. Kreuztabellen sind eine beliebte Darstellungsform der Grundauswertung."[11]

Will man überprüfen, ob es einen Zusammenhang zwischen dem Geschlecht und der Übernahme von Führungsaufgaben gibt, so kann man dies mit einer Kreuztabelle tun. Um

---

11 VMÖ. Verband der Marktforscher Österreichs (2007), Seite 314

9

lediglich die Variablen „Führungsposition" und „Geschlecht" vergleichen zu können, werden die Variablen „fachliche Führungsaufgaben" und „fachliche und disziplinarische Führungsaufgaben" zusammengefasst. Die nominalen Variablen „Geschlecht" und „Führungsverantwortung_neu" können nun analysiert werden.

Bei der Analyse der beiden nominalen Variablen wird deutlich, dass es einen Zusammenhang zwischen dem Geschlecht und der Übernahme einer Führungsposition gibt. 63,2 % der Führungskräfte sind männlich. Nur 36,8 % der Frauen übernehmen gleichwertige Führungsaufgaben.

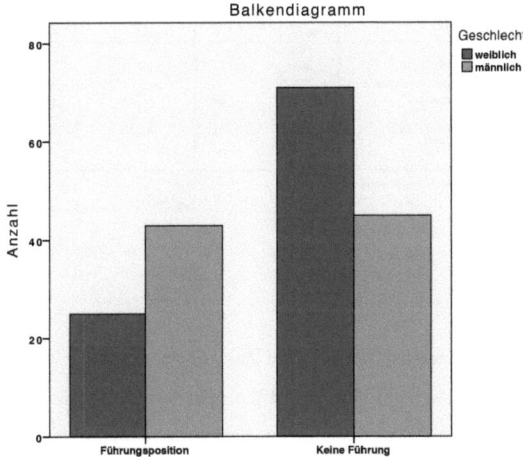

Wie der Chi-Quadrat-Test und die normierten Zusammenhangsmaße belegen, ist dieses Ergebnis von 0,001 höchst signifikant. Die Übernahme einer Führungsposition ist somit vom Geschlecht abhängig.

2.3 Allgemeine Zusammenhänge Geschlecht/Zufriedenheit mit Führung

Chi-Quadrat-Tests

	Wert	df	Asymptotische Signifikanz ...	Exakte Signifikanz (2-seitig)	Exakte Signifikanz (1-seitig)
Chi-Quadrat nach Pearson	10,264[a]	1	,001		
Kontinuitätskorrektur[b]	9,308	1	,002		
Likelihood-Quotient	10,351	1	,001		
Exakter Test nach Fisher				,002	,001
Zusammenhang linear-mit-linear	10,208	1	,001		
Anzahl der gültigen Fälle	184				

a. 0 Zellen (0,0%) haben eine erwartete Häufigkeit kleiner 5. Die minimale erwartete Häufigkeit ist 32,52.
b. Wird nur für eine 2x2-Tabelle berechnet

Symmetrische Maße

		Wert	Asymptotischer Standardfehler[a]	Näherungsweises T[b]	Näherungsweise Signifikanz
Nominal- bzgl. Nominalmaß	Phi	-,236			,001
	Cramer-V	,236			,001
	Kontingenzkoeffizient	,230			,001
Intervall- bzgl. Intervallmaß	Pearson-R	-,236	,072	-3,279	,001[c]
Ordinal- bzgl. Ordinalmaß	Korrelation nach Spearman	-,236	,072	-3,279	,001[c]
Anzahl der gültigen Fälle		184			

a. Die Null-Hyphothese wird nicht angenommen.
b. Unter Annahme der Null-Hyphothese wird der asymptotische Standardfehler verwendet.
c. Basierend auf normaler Näherung

Häufigkeiten

An dieser Stelle soll analysiert werden, in welchem Zusammenhang das „Geschlecht" und die „allgemeine Zufriedenheit" bezüglich Führungskräften steht. Um eine klare Aussage geben zu können, wie zufrieden Frauen und Männer mit dem jeweiligen Führungskräfteverhalten sind, kann nach dem umcodieren und der Vergabe von neuen Werten für eine neue Variable eine Kreuztabelle erstellt werden. Die bisher unter „Ich bin mit dem Führungsstil meiner Führungskraft zufrieden" bekannte Variable wird in „Zufriedenheit" umcodiert. Wählt man nun als zweite Variable der Kreuztabelle das Geschlecht aus, so resultieren daraus folgende Ergebnisse:

Zufriedenheit * Geschlecht Kreuztabelle

			Geschlecht		
			weiblich	männlich	Gesamt
Zufriedenheit	nicht Zufrieden	Anzahl	21	14	35
		% innerhalb von Geschlecht	28,8%	19,2%	24,0%
		% der Gesamtzahl	14,4%	9,6%	24,0%
	moderate Zufriedenheit	Anzahl	8	16	24
		% innerhalb von Geschlecht	11,0%	21,9%	16,4%
		% der Gesamtzahl	5,5%	11,0%	16,4%
	Zufrieden	Anzahl	44	43	87
		% innerhalb von Geschlecht	60,3%	58,9%	59,6%
		% der Gesamtzahl	30,1%	29,5%	59,6%
Gesamt		Anzahl	73	73	146
		% innerhalb von Geschlecht	100,0%	100,0%	100,0%
		% der Gesamtzahl	50,0%	50,0%	100,0%

Hypothese mit nominalen Variablen

Wie die Kreuztabelle zeigt, sind die meisten Arbeitnehmer unserer Stichprobe mit Ihrer Führungskraft zufrieden. Bei beiden Geschlechtern geben über 50 % an mit Ihrer Führungskraft zufrieden zu sein. Dies spricht für eine positive Einstellung gegenüber der Arbeit und Führungskraft. Weiterhin lässt sich aus der Kreuztabelle erkennen, dass es keinen deutlichen Unterschied zwischen der Zufriedenheit von Mann und Frau gibt. Aus der Tabelle wird weiterhin erkennbar, dass Frauen eher eine konkrete Entscheidung treffen bezüglich Zufriedenheit oder Unzufriedenheit. Mit 11 % befinden sich nur wenige Frauen im Mittelbereich mit moderater Zufriedenheit. Männer können sich mit 21,9 % deutlich weniger festlegen wie zufrieden sie sind.

Chi-Quadrat-Tests

	Wert	df	Asymptotische Signifikanz ...
Chi-Quadrat nach Pearson	4,078ᵃ	2	,130
Likelihood-Quotient	4,139	2	,126
Zusammenhang linear-mit-linear	,346	1	,557
Anzahl der gültigen Fälle	146		

a. 0 Zellen (0,0%) haben eine erwartete Häufigkeit kleiner 5. Die minimale erwartete Häufigkeit ist 12,00.

Symmetrische Maße

		Wert	Asymptotischer Standardfehler ᵃ	Näherungsweises Tᵇ	Näherungsweise Signifikanz
Nominal- bzgl. Nominalmaß	Phi	,167			,130
	Cramer-V	,167			,130
	Kontingenzkoeffizient	,165			,130
Ordinal- bzgl. Ordinalmaß	Kendall-Tau-b	,027	,079	,337	,736
	Kendall-Tau-c	,028	,084	,337	,736
	Korrelation nach Spearman	,028	,083	,336	,738ᶜ
Intervall- bzgl. Intervallmaß	Pearson-R	,049	,082	,586	,558ᶜ
Anzahl der gültigen Fälle		146			

a. Die Null-Hyphothese wird nicht angenommen.

b. Unter Annahme der Null-Hyphothese wird der asymptotische Standardfehler verwendet.

c. Basierend auf normaler Näherung

Der Zusammenhang zwischen der Zufriedenheit und dem Geschlecht ist nicht signifikant. Das heißt, der hohe Prozentsatz der weiblichen sehr zufriedenen Arbeitnehmer kann beispielsweise damit zusammenhängen, dass mehr Frauen als Männer in Führungspositionen sind, die an dieser Stelle des Fragebogens die Leistungen der Führung nicht mehr objektiv beurteilen konnten.

2.4 Führungszufriedenheit

Indexbildung

Bei der Indexbildung sollen im allgemeinen Aussagen über Gruppen verschiedener, ähnlicher Merkmalswerte gemacht werden. Die Berechnung eines Index führt immer zu einem Verlust der zugrunde liegenden Einzelinformationen. Dieser Verlust wird dabei bewusst in Kauf genommen, damit das Ziel eines Index – die Vielzahl gleichartiger Meinungsgegenstände in einem Wert auszudrücken – erreicht werden kann.[12]

Um eine neue Variable „Führungszufriedenheit" zu erstellen, werden verschiedene Items, die sich inhaltlich auf Zufriedenheit mit Führungskräften konzentrieren, zusammengefasst.

Die Items, die dabei verwendet werden sind „Gerechtigkeit des Entlohnungssystems", „Information durch die Geschäftsführung", „Informationspolitik insgesamt", „Arbeitsumfeld insgesamt", „Meine Führungskraft kennt meine Leistungen stets an", „Die Wertschätzung Ihrer Arbeit durch die direkte Führungskraft", „Klare Zielsetzung", „Das Betriebsklima im Arbeitsbereich", „Meine Arbeit macht mir Spaß", „Ich kann mein Unternehmen als Arbeitgeber weiterempfehlen".

Zur Überprüfung der neuen Variable auf Normalverteilung wird eine Häufigkeitsanalyse durchgeführt. Wie die Analyse zeigt, handelt es sich bei dem Index „Führungszufriedenheit" um eine Normalverteilung, da sich die meisten gültigen Stimmen im mittleren Bereich befinden.

„Die Normalverteilung unterstellt eine symmetrische Verteilungsform numerischer Daten und wird auch gaußsche Glockenkurve genannt."[13] Sie gehört zu den Verteilungsmodellen der Statistik. Normalverteilungen finden häufig Anwendung bei großen Grundgesamtheiten. Für Normalverteilungen gilt, rund zweidrittel aller Messwerte liegen innerhalb der Entfernung einer Standardabweichung zum Mittelwert.[14]

---

12 Vgl. Bleymüller J., Gehlert G., Gülicher H. (2000), Seite 181
13 Statista GmbH (2012), Online
14 Vgl. Statista GmbH (2012), Online

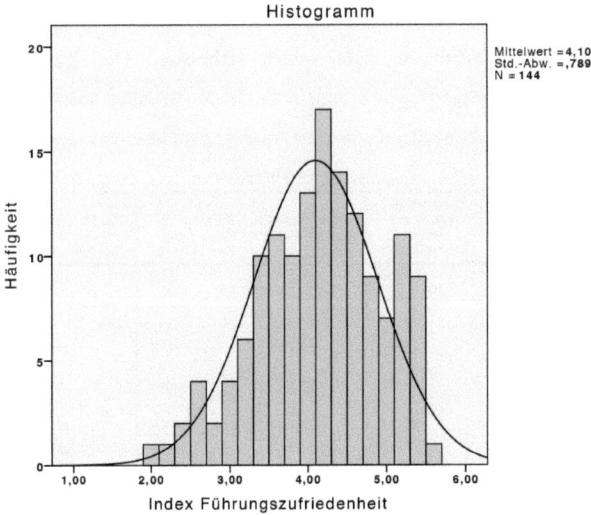

Index Führungszufriedenheit

Reliabilität

Um die Genauigkeit des Messinstruments, in diesem Fall des Online-Fragebogens, zu messen, wird an dieser Stelle eine Reliabilitätsanalyse durchgeführt. Hierzu werden die ausgewählten Items zu „Führungszufriedenheit" dahingehen beurteilt, ob Sie einen Zusammenhang zwischen den Stichwörtern „Zufriedenheit", „Führungskräfteverhalten", „Bildungsstand" vorweisen. Ein optimaler statistischer Wert läge bei 1. Unser Ergebnis weist einen Cronbachs-Alpha-Wert von auf ,877 auf, der auf eine gutes Zuverlässigkeitsniveau hindeutet. Ab einem Wert größer ,700 unterstellt man einem Messinstrument Aussagekraft.

„Cronbachs-Alpha ist ein Koeffizient, welcher zur Bestimmung der internen Konsistenz eines Erhebungsverfahrens berechnet wird. Er gibt an, wie genau die Items eines Tests ein Konstrukt messen."[15]

Reliabilitätsstatistiken

Cronbachs Alpha	Cronbachs Alpha für standardisierte Items	Anzahl der Items
,876	,877	10

---

15 Technische Universität Dresden (2012), Online

14

Sieht man sich außerdem die Item-Skala-Statistik an, wird klar, das Weglassen von einzelnen Items würde unser Messniveau nicht weiter verbessern. Das Weglassen des Items „Informationspolitik insgesamt" würde zudem zu einem Absinken unseres Messniveaus auf ,858 führen, welches immer noch auf eine gute Aussagekraft unseres Fragebogens hinweist.

Item-Skala-Statistiken

	Skalenmittel wert, wenn Item weggelassen	Skalenvarian z, wenn Item weggelassen	Korrigierte Item-Skala-Korrelation	Quadrierte multiple Korrelation	Cronbachs Alpha, wenn Item weggelassen
Ich kann mein Unternehmen als Arbeitgeber weiterempfehlen.	38,19	69,817	,644	,466	,861
Meine Arbeit macht mir Spaß	37,99	75,219	,472	,348	,874
...das Betriebsklima in Ihrem Arbeitsbereich?	37,97	74,522	,586	,393	,866
klare Zielsetzung	38,74	75,611	,568	,347	,867
Meine Führungskraft erkennt meine Leistungen stets an.	38,40	69,660	,619	,687	,863
Informationspolitik insgesamt	39,13	69,093	,685	,575	,858
Information durch die Geschäftsführung	39,06	68,899	,646	,576	,861
Gerechtigkeit des Entlohnungssystems	39,24	69,872	,587	,387	,866
Arbeitsumfeld insgesamt betrachtet	38,12	74,529	,558	,334	,868
...die Wertschätzung Ihrer Arbeit durch Ihre direkte Führungskraft?	38,15	70,875	,652	,702	,860

2.5 Führungsverhalten und Zufriedenheit am Beispiel „Frauen"

Regressionsanalyse

Bei der Regressionsanalyse werden metrisch skalierte Merkmale auf ihre Abhängigkeiten untersucht. Aufgabe der Regressionsanalyse ist es, die Art der Abhängigkeit zu bestimmen, mit der sich die Abhängigkeit der Variablen beschreiben lässt.[16]

Im vorliegenden Datensatz soll die Zufriedenheit mit der Führungskraft getestet werden. Mit der abhängigen Variable „Ich gehe gerne in die Arbeit" und den unabhängigen Variablen „Ich bin mit dem Führungsstil meiner Führungskraft zufrieden" sowie „Ich will noch Karriere machen" wird folgende Frage analysiert: Sind Frauen motivierter, wenn Sie mit Ihrer Führungskraft zufrieden sind, und streben Sie dann eher selbst eine Führungsposition an?

H1: Es gibt einen Zusammenhang zwischen der Zufriedenheit mit der Führungskraft und dem

---

16 Vgl. Bleymüller J., Gehlert G., Gülicher H. (2000), Seite 140

eigenen streben nach Führungsverantwortung.

H0: Es gibt keinen Zusammenhang zwischen der Zufriedenheit mit der Führungskraft und dem eigenen streben nach Führungsverantwortung. Die Ergebnisse sind zufällig.

Wie die Modellzusammenfassung aufschlüsselt, weist das Bestimmtheitsmaß „R" für den Zusammenhang mit ‚407 einen mittelstarken Zusammenhang auf. Das Bestimmtheitsmaß drückt dabei aus, in welchem Umfang die Streuung durch die Regressionsgrade erklärt werden kann. Bestimmtheitsgrade können Werte von 0 bis 1 annehmen. Ein Wert von 1 drückt hierbei den perfekten Zusammenhang aus, dabei liegen alle Punkte exakt auf dem Streudiagramm der Regressionsgerade.[17]

Auch der Durbin-Watson-Wert, der einen Wert zwischen 0 und 4 annehmen kann, weist mit 1,960 einen guten Wert auf, was auf eine Verlässlichkeit der Aussage schließen lässt.

Modellzusammenfassung[b]

Modell	R	R-Quadrat	Korrigiertes R-Quadrat	Standardfehler des Schätzers	Durbin-Watson-Statistik
1	,407[a]	,166	,158	1,149	1,960

a. Einflußvariablen: (Konstante), Ich bin mit dem Führungsstil meiner Führungskraft zufrieden., Ich will noch Karriere machen.

b. Abhängige Variable: Ich gehe gerne in die Arbeit.

Wie die Varianzanalyse bestätigt, kann die Hypothese „H0" verworfen werden. Mit einer Irrtumswahrscheinlichkeit von 5 % in den Einstellungen weist das Ergebnis eine Signifikanz von 0,000 auf, was höchst signifikant ist. Unsere Forschungshypothese bestätigt sich also, es gibt einen Zusammenhang zwischen der Zufriedenheit mit der Führungskraft und dem eigenen Streben nach Führungsverantwortung.

ANOVA[a]

Modell		Quadratsumme	df	Mittel der Quadrate	F	Sig.
1	Regression	53,841	2	26,921	20,390	,000[b]
	Nicht standardisierte Residuen	270,654	205	1,320		
	Gesamt	324,495	207			

a. Abhängige Variable: Ich gehe gerne in die Arbeit.

b. Einflußvariablen: (Konstante), Ich bin mit dem Führungsstil meiner Führungskraft zufrieden., Ich will noch Karriere machen.

Sieht man sich noch den Zusammenhangskoeffizienten an, schlüsselt sich das obige Ergebnis noch weiter auf. Wie man den Koeffizienten entnehmen kann, gibt es eine hohe Signifikanz im Bereich „Zufriedenheit mit der Führungskraft" und „Ich gehe gerne Arbeiten" (höchste Signifikanz – 0,000). Der Wunsch nach einer eigenen Karriere gehört aber nicht zu den Indizien, warum jemand gerne in die Arbeit geht (Signifikanz – 0,504).

---

17 Vgl. Freie Universität Berlin (2012), Online

Koeffizienten[a]

Modell		Nicht standardisierte Koeffizienten		Standardisierte Koeffizienten	T	Sig.	95,0% Konfidenzintervalle für B
		RegressionskoeffizientB	Standardfehler	Beta			Untergrenze
1	(Konstante)	3,591	,343		10,468	,000	2,915
	Ich will noch Karriere machen.	-,038	,056	-,043	-,669	,504	-,149
	Ich bin mit dem Führungsstil meiner Führungskraft ...	,320	,050	,408	6,384	,000	,221

Koeffizienten[a]

Modell		95,0% Konfidenzintervalle für B
		Obergrenze
1	(Konstante)	4,268
	Ich will noch Karriere machen.	,074
	Ich bin mit dem Führungsstil meiner Führungskraft ...	,419

a. Abhängige Variable: Ich gehe gerne in die Arbeit.

Allgemein ist unsere Regressionsanalyse signifikant und bietet moderate Erklärungen des Zusammenhangs. Die Variable „Ich möchte noch Karriere machen" führt jedoch zu einer Verschlechterung unseres Modells. Die Ergebnisse würden sich ohne diese Variable verbessern und bessere Erklärung des Zusammenhangs bieten.

2.6 Zufriedenheit mit dem Führungsstil der Führungskraft

Mit der Varianzanalyse können mehrere Mittelwerte gleichzeitig untersucht werden. Die Varianzanalyse hat dabei zwei Zielsetzungen: Zum einen dient sie der Überprüfung der Signifikanz des Unterschiedes von Mittelwertdifferenzen. Sie zeigt an, welche Unterschiede signifikant sind. Zum anderen dient sie der Ermittlung des von einer oder mehreren unabhängigen Variablen erklärten Anteils der Gesamtvarianz.[18]

Die Variablen „Meine Führungskraft lässt mir Raum, mich selbst zu verwirklichen" und „In Entscheidungen werde ich mit einbezogen" als unabhängige Variablen und die Variable „Ich bin mit dem Führungsstil meiner Führungskraft zufrieden" als abhängige Variable sind für die Varianzanalyse relevant. Mit der Varianzanalyse sollen folgende Zusammenhänge untersucht werden:

H1: Menschen sind mit dem Führungsstil ihrer Führungskraft zufriedener, wenn sie von den Führungskräften Raum zur Selbstverwirklichung bekommen und zudem in Entscheidungen einbezogen werden.

H0: Zwischen der Zufriedenheit mit dem Führungsstil einer Führungskraft und dem von der

---

18 Vgl. Janssen J., Laatz W. (2007), Seite 356

Führungskraft gegebenen Raum zur Selbstverwirklichung und der Möglichkeit Entscheidungen mitzutreffen besteht kein Zusammenhang.

Levene-Test auf Gleichheit der Fehlervarianzen[a]

Abhängige Variable: Ich bin mit dem Führungsstil meiner Führungskraft zufrieden.

F	df1	df2	Sig.
1,744	28	176	,017

Prüft die Nullhypothese, daß die Fehlervarianz der abhängigen Variablen über Gruppen hinweg gleich ist.

a. Design: Konstanter Term + v_96 + v_99 + v_96 * v_99

Das Ergebnis des Levene-Tests zeigt einen Wert von ,17 an. Mit diesem Wert passen die Varianzen zusammen, die Varianzanalyse ist für die Überprüfung der Zusammenhänge geeignet. Im Falle eines Wertes der von 0,00 abweicht wäre die Varianz nicht homogen und die Varianzanalyse wäre ungeeignet für die Überprüfung des Zusammenhangs. Nachfolgend werden die Variablen mit ihren Signifikanzniveaus aufgelistet.

Tests der Zwischensubjekteffekte

Abhängige Variable: Ich bin mit dem Führungsstil meiner Führungskraft zufrieden.

Quelle	Quadratsumme vom Typ III	df	Mittel der Quadrate	F	Sig.	Partielles Eta-Quadrat
Korrigiertes Modell	248,642[a]	28	8,880	6,026	,000	,489
Konstanter Term	1181,291	1	1181,291	801,685	,000	,820
v_96	45,063	5	9,013	6,116	,000	,148
v_99	20,055	5	4,011	2,722	,021	,072
v_96 * v_99	27,310	18	1,517	1,030	,429	,095
Fehler	259,338	176	1,474			
Gesamt	4141,000	205				
Korrigierte Gesamtvariation	507,980	204				

a. R-Quadrat = ,489 (korrigiertes R-Quadrat = ,408)

Wie ersichtlich wird, ist das Modell stimmig. Es liegt ein höchst signifikanter Zusammenhang zwischen der abhängigen Variable „Ich bin mit dem Führungsstil meiner Führungskraft zufrieden" und den unabhängigen Variablen „Meine Führungskraft lässt mir Raum, mich selbst zu verwirklichen" und „In Entscheidungen werde ich einbezogen" vor. H0 kann verworfen werden. Die Befragten sind sehr zufrieden mit ihren Führungskräften wenn sie von ihnen Raum zur Selbstverwirklichung bekommen. Der Zusammenhang zwischen diesen beiden Variablen ist höchst signifikant (0,00). Im Kontrast dazu weißt die Variable „In Entscheidungen werde ich mit einbezogen" keinen signifikanten Zusammenhang zur Zufriedenheit mit dem Führungsstil der Führungskraft auf (0,021). Wie zufrieden oder unzufrieden Menschen mit dem Führungsstil ihrer Führungskraft sind, hängt also nicht mit dem eigenen Einfluss auf Entscheidungen zusammen.

3 Fazit

In einer immer komplexer werdenden und schnelllebigeren Welt ist es wichtig, statistische Zusammenhänge zu verstehen und deuten zu können. Durch die mithilfe von SPSS durchgeführten Tests konnten Zusammenhänge zwischen einzelnen Variablen selbst getestet und interpretiert werden. Die Analysen haben gezeigt, dass Zufriedenheit mit Führungskräfteverhalten weder geschlechtsspezifisch unterschieden werden kann, noch dass vom jeweiligen Bildungsstand auf spätere Zufriedenheit geschlossen werden kann. Die Erkenntnis, dass Führungskräfte positiver wahrgenommen werden, wenn sie ihren angestellten Raum zu Selbstverwirklichung lassen, kann zudem persönlich genutzt werden, sollte man je selbst in die Lage kommen eine Führungsposition übernehmen zu können. Persönlich beeindruckend für mich ist die Tatsache, das mithilfe eines Programms und verschiedener vorher erhobenen Daten nahezu alle erdenklichen Fragestellungen analysiert werden können und so Aufschluss über diverse Meinungsgegenstände und Zusammenhänge liefern.

4 Anhang

Auszug aus dem Analysierten Datensatz

SPSS Statistics Datei Bearbeiten Ansicht Daten Transformieren Analysieren Diagramme Extras Fenster Hilfe — Mo. 07:29

anja.sav [DatenSet1] - IBM SPSS Statistics Daten-Editor

	Name	Typ	Spaltenf...	Dezimal	Variablenlabel	Wertelabels	Fehlende W...	Spalten	Ausrichtung	Messniveau	Rolle
1	lfdn	Numerisch	11	0	number	Keine	-77	8	Rechts	Skala	Eingabe
2	duration	Numerisch	11	0	time to complete survey	Keine	-77	8	Rechts	Skala	Eingabe
3	v_1	Numerisch	11	0	Branche des Unternehmens	{1, Automo...	-77, 34	8	Rechts	Nominal	Eingabe
4	v_2	Numerisch	11	0	Anzahl der Mitarbeiter des Unternehmens	Keine	-77	8	Rechts	Skala	Eingabe
5	v_11	Numerisch	11	0	Anzahl der Mitarbeiter im Team	Keine	-77	8	Rechts	Skala	Eingabe
6	v_12	Numerisch	11	0	Aktionsradius Ihres Unternehmens	{1, regionali...	-77, 7	8	Rechts	Skala	Eingabe
7	v_13	Numerisch	11	0	Ihr Aufgabenbereich	{1, Change...	-77, 20	8	Rechts	Ordinal	Eingabe
8	v_14	Numerisch	11	0	Führungsverantwortung	{1, keine A...	-77, 1	8	Rechts	Ordinal	Eingabe
9	v_15	Numerisch	11	0	Führungsspanne	Keine	-77	8	Rechts	Ordinal	Eingabe
10	v_220	Numerisch	11	0	Geschäftstage im vergangenen Geschäftsjahr	{1, sehr sch...	-77, 7	8	Rechts	Skala	Eingabe
11	v_221	Numerisch	11	0	Geschäftstage im laufenden Geschäftsjahr	{1, sehr sch...	-77, 7	8	Rechts	Skala	Eingabe
12	v_222	Numerisch	11	0	Geschäftstage im kommenden Geschäftsjahr	{1, sehr sch...	-77, 7	8	Rechts	Skala	Eingabe
13	v_223	Numerisch	11	0	Geschäftstage in fünf Jahren	{1, sehr sch...	-77, 7	8	Rechts	Skala	Eingabe
14	v_259	Numerisch	11	0	privat / öffentlich / Mischform	{1, keine A...	-77, 1	8	Rechts	Skala	Eingabe
15	v_226	Numerisch	11	0		{1, stimme...	-77, 7	8	Rechts	Skala	Eingabe
16	v_227	Numerisch	11	0	Ich kann mich in meiner Arbeit selbstverwirklichen.	{1, stimme...	-77, 7	8	Rechts	Skala	Eingabe
17	v_228	Numerisch	11	0	Ich bin motiviert.	{1, stimme...	-77, 7	8	Rechts	Skala	Eingabe
18	v_229	Numerisch	11	0	Ich will noch Karriere machen.	{1, stimme...	-77, 7	8	Rechts	Skala	Eingabe
19	v_230	Numerisch	11	0	Ich kann mein Unternehmen als Arbeitgeber weiterempfehlen.	{1, stimme...	-77, 7	8	Rechts	Skala	Eingabe
20	v_231	Numerisch	11	0	Ich kann die Produkte / Leistungen meines Unternehmens weiterempfeh...	{1, stimme...	-77, 7	8	Rechts	Skala	Eingabe
21	v_232	Numerisch	11	0	Meine Arbeit interessiert mich.	{1, stimme...	-77, 7	8	Rechts	Skala	Eingabe
22	v_233	Numerisch	11	0	Meine Arbeit macht mir Spaß.	{1, stimme...	-77, 7	8	Rechts	Skala	Eingabe
23	v_234	Numerisch	11	0	im letzten halben Jahr habe ich das ein oder andere Mal an einen Jobwe...	{1, stimme...	-77, 7	8	Rechts	Skala	Eingabe
24	v_235	Numerisch	11	0	Ich würde gerne im selben Unternehmen, in einer anderen Funktion arbe...	{1, stimme...	-77, 7	8	Rechts	Skala	Eingabe
25	v_236	Numerisch	11	0	In fünf Jahren werde ich noch für dasselbe Unternehmen tätig sein.	{1, stimme...	-77, 7	8	Rechts	Skala	Eingabe
26	v_237	Numerisch	11	0	Ich werde hier im selben Unternehmen auch in Rente gehen.	{1, stimme...	-77, 7	8	Rechts	Skala	Eingabe
27	v_238	Numerisch	11	0	Arbeit und Freizeit überlappen sich manchmal; das macht mir aber nicht...	{1, stimme...	-77, 7	8	Rechts	Skala	Eingabe
28	v_239	Numerisch	11	0	Arbeit und Freizeit überlappen sich manchmal; das macht mir sehr viel a...	{1, stimme...	-77, 7	8	Rechts	Skala	Eingabe

Datenansicht **Variablenansicht**

IBM SPSS Statistics Prozessor ist bereit

2.1 Tabellen zu „Allgemeinen Zusammenhängen Geschlecht/Bildung"

Geschlecht

		Häufigkeit	Prozent	Gültige Prozente	Kumulierte Prozente
Gültig	weiblich	109	28,5	51,2	51,2
	männlich	104	27,2	48,8	100,0
	Gesamt	213	55,6	100,0	
Fehlend	-77	168	43,9		
	keine Angabe	2	,5		
	Gesamt	170	44,4		
Gesamt		383	100,0		

Höchster Bildungsabschluss

		Häufigkeit	Prozent	Gültige Prozente	Kumulierte Prozente
Gültig	Hauptschulabschluss	5	1,3	2,3	2,3
	Realschulabschluss	18	4,7	8,5	10,8
	Berufsschulabschluss	19	5,0	8,9	19,7
	Abitur	70	18,3	32,9	52,6
	Studium Diplom FH	12	3,1	5,6	58,2
	Studium Diplom Uni	29	7,6	13,6	71,8
	Studium Bachelor	29	7,6	13,6	85,4
	Studium Master	8	2,1	3,8	89,2
	Promotion	6	1,6	2,8	92,0
	Meister / Fachwirt	9	2,3	4,2	96,2
	Berufsakademie (z.B. duale akademische Ausbildung, VWA, o.ä.)	8	2,1	3,8	100,0
	Gesamt	213	55,6	100,0	
Fehlend	-77	169	44,1		
	keine Angabe	1	,3		
	Gesamt	170	44,4		
Gesamt		383	100,0		

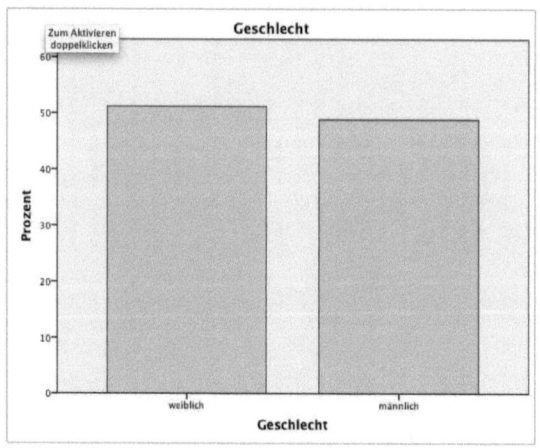

Deskriptive Statistik

	N	Minimum	Maximum	Mittelwert	Standardabweichung	Schiefe		Kurtosis	
	Statistik	Statistik	Statistik	Statistik	Statistik	Statistik	Standardfehler	Statistik	Standardfehler
Geschlecht	213	2	3	2,49	,501	,047	,167	-2,017	,332
Höchster Bildungsabschluss	213	2	12	6,22	2,383	,670	,167	-,064	,332
Gültige Werte (Listenweise)	211								

```
FREQUENCIES VARIABLES=v_3 v_4
  /STATISTICS=MEDIAN MODE
  /BARCHART PERCENT
  /ORDER=ANALYSIS.
```

Häufigkeiten

[DatenSet1] /Users/anjameixner/Desktop/Studium/Semester 3/Statistik/Datensatz/anja.sav

Statistiken

		Geschlecht	Höchster Bildungsabschluss
N	Gültig	213	213
	Fehlend	170	170
Median		2,00	5,00
Modus		2	5

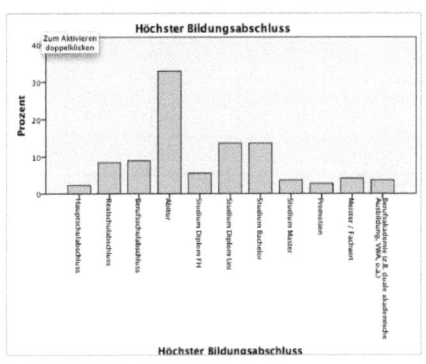

Höchster Bildungsabschluss

Chi-Quadrat-Tests

	Wert	df	Asymptotische Signifikanz (2-seitig)
Chi-Quadrat nach Pearson	17,201[a]	10	,070
Likelihood-Quotient	17,733	10	,060
Zusammenhang linear-mit-linear	6,887	1	,009
Anzahl der gültigen Fälle	211		

a. 10 Zellen (45,5%) haben eine erwartete Häufigkeit kleiner 5. Die minimale erwartete Häufigkeit ist 2,44.

Symmetrische Maße

		Wert	Asymptotischer Standardfehler[a]	Näherungsweises T[b]	Näherungsweise Signifikanz
Nominal- bzgl. Nominalmaß	Phi	,286			,070
	Cramer-V	,286			,070
	Kontingenzkoeffizient	,275			,070
Intervall- bzgl. Intervallmaß	Pearson-R	,181	,067	2,662	,008[c]
Ordinal- bzgl. Ordinalmaß	Korrelation nach Spearman	,176	,068	2,580	,011[c]
Anzahl der gültigen Fälle		211			

a. Die Null-Hyphothese wird nicht angenommen.

b. Unter Annahme der Null-Hyphothese wird der asymptotische Standardfehler verwendet.

c. Basierend auf normaler Näherung

2.2 Tabellen zu „Allgemeinen Zusammenhängen Geschlecht/Führungsverantwortung"

Verarbeitete Fälle

	Fälle					
	Gültig		Fehlend		Gesamt	
	N	Prozent	N	Prozent	N	Prozent
Führung * Geschlecht	184	48,0%	199	52,0%	383	100,0%

Zum Aktivieren
doppelklicken
Führung * Geschlecht Kreuztabelle

			Geschlecht		Gesamt
			weiblich	männlich	
Führung	Führungsposition	Anzahl	25	43	68
		Erwartete Anzahl	35,5	32,5	68,0
		% innerhalb von Führung	36,8%	63,2%	100,0%
	Keine Führung	Anzahl	71	45	116
		Erwartete Anzahl	60,5	55,5	116,0
		% innerhalb von Führung	61,2%	38,8%	100,0%
Gesamt		Anzahl	96	88	184
		Erwartete Anzahl	96,0	88,0	184,0
		% innerhalb von Führung	52,2%	47,8%	100,0%

Chi-Quadrat-Tests

	Wert	df	Asymptotische Signifikanz (2-seitig)	Exakte Signifikanz (2-seitig)	Exakte Signifikanz (1-seitig)
Chi-Quadrat nach Pearson	10,264[a]	1	,001		
Kontinuitätskorrektur[b]	9,308	1	,002		
Likelihood-Quotient	10,351	1	,001		
Exakter Test nach Fisher				,002	,001
Zusammenhang linear-mit-linear	10,208	1	,001		
Anzahl der gültigen Fälle	184				

a. 0 Zellen (0,0%) haben eine erwartete Häufigkeit kleiner 5. Die minimale erwartete Häufigkeit ist 32,52.

b. Wird nur für eine 2x2-Tabelle berechnet

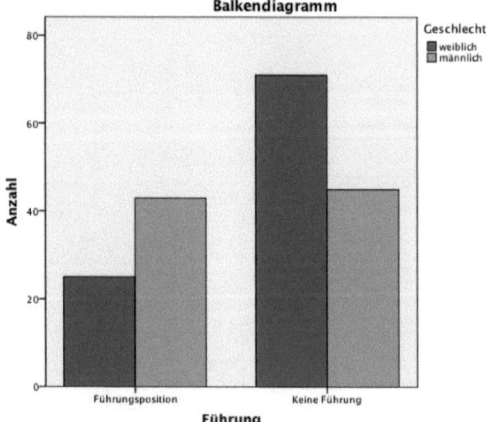

Symmetrische Maße

		Wert	Asymptotisch er Standardfehl er[a]	Näherungswe ises T[b]	Näherungswe ise Signifikanz
Nominal- bzgl. Nominalmaß	Phi	-,236			,001
	Cramer-V	Zum Aktivieren ,6			,001
	Kontingenzkoeffizie	doppelklicken ,0			,001
Intervall- bzgl. Intervallmaß	Pearson-R	-,236	,072	-3,279	,001[c]
Ordinal- bzgl. Ordinalmaß	Korrelation nach Spearman	-,236	,072	-3,279	,001[c]
Anzahl der gültigen Fälle		184			

a. Die Null-Hyphothese wird nicht angenommen.
b. Unter Annahme der Null-Hyphothese wird der asymptotische Standardfehler verwendet.
c. Basierend auf normaler Näherung

2.3 Tabellen zu „Allgemeinen Zusammenhängen Geschlecht/Zufriedenheit mit Führung"

Verarbeitete Fälle

	Fälle					
	Gültig		Fehlend		Gesamt	
	N	Prozent	N	Prozent	N	Prozent
Zufriedenheit * Geschlecht	146	38,1%	237	61,9%	383	100,0%

Zufriedenheit * Geschlecht Kreuztabelle

			Geschlecht		Gesamt
			weiblich	männlich	
Zufriedenheit	nicht Zufrieden	Anzahl	21	14	35
		% innerhalb von Geschlecht	28,8%	19,2%	24,0%
		% der Gesamtzahl	14,4%	9,6%	24,0%
	moderate Zufriedenheit	Anzahl	8	16	24
		% innerhalb von Geschlecht	11,0%	21,9%	16,4%
		% der Gesamtzahl	5,5%	11,0%	16,4%
	Zufrieden	Anzahl	44	43	87
		% innerhalb von Geschlecht	60,3%	58,9%	59,6%
		% der Gesamtzahl	30,1%	29,5%	59,6%
Gesamt		Anzahl	73	73	146
		% innerhalb von Geschlecht	100,0%	100,0%	100,0%
		% der Gesamtzahl	50,0%	50,0%	100,0%

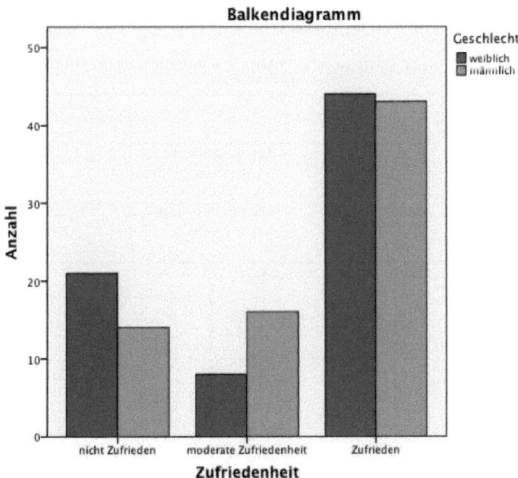

Chi-Quadrat-Tests

	Wert	df	Asymptotische Signifikanz (2-seitig)
Chi-Quadrat nach Pearson	4,078[a]	2	,130
Likelihood-Quotient	4,139	2	,126
Zusammenhang linear-mit-linear	,346	1	,557
Anzahl der gültigen Fälle	146		

a. 0 Zellen (0,0%) haben eine erwartete Häufigkeit kleiner 5. Die minimale erwartete Häufigkeit ist 12,00.

Richtungsmaße

			Wert	Asymptotischer Standardfehler[a]	Näherungsweises T[b]	Näherungsweise Signifikanz
Nominal- bzgl. Nominalmaß	Lambda	Symmetrisch	,061	,035	1,648	,099
		Zufriedenheit abhängig	,000	,000	.[c]	.[c]
		Geschlecht abhängig	,110	,063	1,648	,099
	Goodman-und-Kruskal-Tau	Zufriedenheit abhängig	,010	,009		,251[d]
		Geschlecht abhängig	,028	,026		,132[d]

a. Die Null-Hyphothese wird nicht angenommen.
b. Unter Annahme der Null-Hyphothese wird der asymptotische Standardfehler verwendet.
c. Kann nicht berechnet werden, weil der asymptotische Standardfehler gleich Null ist.
d. Basierend auf Chi-Quadrat-Näherung

2.4 Tabellen zu „Führungszufriedenheit"

Skala: Führungszufriedenheit

Zusammenfassung der Fallverarbeitung

		N	%
Fälle	Gültig	156	40,7
	Ausgeschlossen[a]	227	59,3
	Gesamt	383	100,0

a. Listenweise Löschung auf der Grundlage aller Variablen in der Prozedur.

Reliabilitätsstatistiken

Cronbachs Alpha	Cronbachs Alpha für standardisierte Items	Anzahl der Items
,876	,877	10

Auswertung der Itemstatistiken

	Mittelwert	Minimum	Maximum	Bereich	Maximum / Minimum	Varianz	Anzahl der Items
Item-Mittelwerte	4,278	3,538	4,808	1,269	1,359	,249	10
Inter-Item-Korrelationen	,417	,221	,819	,598	3,700	,010	10

Korrelationen

			Index Führungszufriedenheit	Geschlecht
Spearman-Rho	Index Führungszufriedenheit	Korrelationskoeffizient	1,000	-,193[*]
		Sig. (2-seitig)	.	,021
		N	144	143
	Geschlecht	Korrelationskoeffizient	-,193[*]	1,000
		Sig. (2-seitig)	,021	.
		N	143	213

*. Die Korrelation ist auf dem 0,05 Niveau signifikant (zweiseitig).

Schiefe		-,376
Standardfehler der Schiefe		,202
Kurtosis		-,333
Standardfehler der Kurtosis		,401
Spannweite		3,50
Minimum		2,00
Maximum		5,50
Perzentile	25	3,5250
	50	4,1000
	75	4,7000

Item-Skala-Statistiken

	Skalenmittelw ert, wenn Item weggelassen	Skalenvarian z, wenn Item weggelassen	Korrigierte Item-Skala- Korrelation	Quadrierte multiple Korrelation	Cronbachs Alpha, wenn Item weggelassen
Ich kann mein Unternehmen als Arbeitgeber weiterempfehlen.	38,19	69,817	,644	,466	,861
Meine Arbeit macht mir Spaß	37,99	75,219	,472	,348	,874
...das Betriebsklima in Ihrem Arbeitsbereich?	37,97	74,522	,586	,393	,866
klare Zielsetzung	38,74	75,611	,568	,347	,867
Meine Führungskraft erkennt meine Leistungen stets an.	38,40	69,660	,619	,687	,863
Informationspolitik insgesamt	39,13	69,093	,685	,575	,858
Information durch die Geschäftsführung	39,06	68,899	,646	,576	,861
Gerechtigkeit des Entlohnungssystems	39,24	69,872	,587	,387	,866
Arbeitsumfeld insgesamt betrachtet	38,12	74,529	,558	,334	,868
...die Wertschätzung Ihrer Arbeit durch Ihre direkte Führungskraft?	38,15	70,875	,652	,702	,860

Korrelationen

		Index Führungszufri edenheit	Geschlecht
Index Führungszufriedenheit	Korrelation nach Pearson	1	-,206
	Signifikanz (2-seitig)		,014
	N	144	143
Geschlecht	Korrelation nach Pearson	-,206	1
	Signifikanz (2-seitig)	,014	
	N	143	213

*. Die Korrelation ist auf dem Niveau von 0,05 (2-seitig) signifikant.

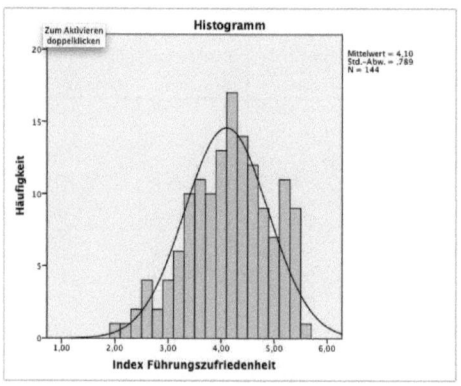

2.5 Tabellen zu „Führungsverhalten und Zufriedenheit am Beispiel Frauen"

Regression

[DatenSet1] /Users/anjameixner/Desktop/Studium/Semester 3/Statistik/Datensatz/anja.sav

Aufgenommene/Entfernte Variablen[a]

Modell	Aufgenomme ne Variablen	Entfernte Variablen	Methode
1	Ich bin mit dem Führungsstil meiner Führungskraf t zufrieden., Ich will noch Karriere machen.[b]	.	Einschluß

a. Abhängige Variable: Ich gehe gerne in die Arbeit.

b. Alle gewünschten Variablen wurden eingegeben.

Modellzusammenfassung[b]

Modell	R	R-Quadrat	Korrigiertes R-Quadrat	Standardfehl er des Schätzers	Durbin-Watson-Statistik
1	,407[a]	,166	,158	1,149	1,960

a. Einflußvariablen : (Konstante), Ich bin mit dem Führungsstil meiner Führungskraft zufrieden., Ich will noch Karriere machen.

b. Abhängige Variable: Ich gehe gerne in die Arbeit.

ANOVA^a

Modell		Quadratsumme	df	Mittel der Quadrate	F	Sig.
1	Regression	53,841	2	26,921	20,390	,000^b
	Nicht standardisierte Residuen	270,654	205	1,320		
	Gesamt	324,495	207			

a. Abhängige Variable: Ich gehe gerne in die Arbeit.
b. Einflußvariablen : (Konstante), Ich bin mit dem Führungsstil meiner Führungskraft zufrieden., Ich will noch Karriere machen.

Koeffizienten^a

Modell		Nicht standardisierte Koeffizienten		Standardisierte Koeffizienten	T	Sig.	95,0% Konfidenzintervalle für B	
		RegressionskoeffizientB	Standardfehler	Beta			Untergrenze	Obergrenze
1	(Konstante)	3,591	,343		10,468	,000	2,915	4,268
	Ich will noch Karriere machen.	-,038	,056	-,043	-,669	,504	-,149	,074
	Ich bin mit dem Führungsstil meiner Führungskraft zufrieden.	,320	,050	,408	6,384	,000	,221	,419

a. Abhängige Variable: Ich gehe gerne in die Arbeit.

Residuenstatistik^a

	Minimum	Maximum	Mittelwert	Standardabweichung	N
Nicht standardisierter vorhergesagter Wert	3,68	5,47	4,75	,510	208
Nicht standardisierte Residuen	-4,285	2,240	,000	1,143	208
Standardisierter vorhergesagter Wert	-2,098	1,410	,000	1,000	208
Standardisierte Residuen	-3,729	1,949	,000	,995	208

a. Abhängige Variable: Ich gehe gerne in die Arbeit.

GGraph

[DatenSet1] /Users/anjameixner/Desktop/Studium/Semester 3/Statistik/Datensatz/anja.sav

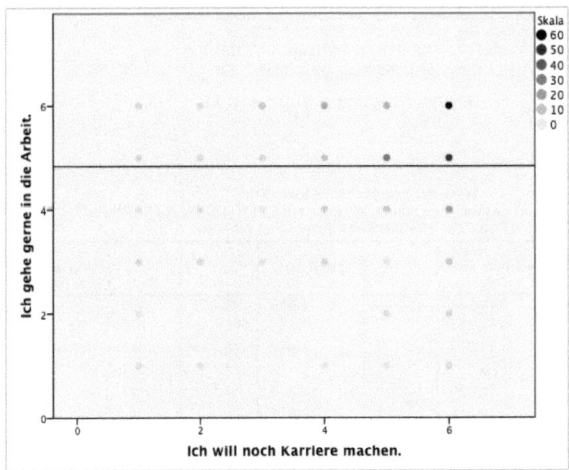

2.6 Tabellen zu „Zufriedenheit mit dem Führungsstil der Führungskraft"

Zwischensubjektfaktoren

		Wertelabel	N
Meine Führungskraft lässt mir Raum, mich selbst zu verwirklichen.	1	stimme überhaupt nicht zu	17
	2	2	9
	3	3	24
	4	4	41
	5	5	61
	6	stimme voll und ganz zu.	53
In Entscheidungen werde ich mit einbezogen.	1	stimme überhaupt nicht zu	29
	2	2	24
	3	3	31
	4	4	43
	5	5	34
	6	stimme voll und ganz zu.	44

Levene-Test auf Gleichheit der Fehlervarianzen[a]

Abhängige Variable: Ich bin mit dem Führungsstil meiner Führungskraft zufrieden.

F	df1	df2	Sig.
1,744	28	176	,017

Prüft die Nullhypothese, daß die Fehlervarianz der abhängigen Variablen über Gruppen hinweg gleich ist.

a. Design: Konstanter Term + v_96 + v_99 + v_96 * v_99

Tests der Zwischensubjekteffekte

Abhängige Variable: Ich bin mit dem Führungsstil meiner Führungskraft zufrieden.

Quelle	Quadratsumme vom Typ III	df	Mittel der Quadrate	F	Sig.	Partielles Eta-Quadrat
Korrigiertes Modell	248,642[a]	28	8,880	6,026	,000	,489
Konstanter Term	1181,291	1	1181,291	801,685	,000	,820
v_96	45,063	5	9,013	6,116	,000	,148
v_99	20,055	5	4,011	2,722	,021	,072
v_96 * v_99	27,310	18	1,517	1,030	,429	,095
Fehler	259,338	176	1,474			
Gesamt	4141,000	205				
Korrigierte Gesamtvariation	507,980	204				

a. R-Quadrat = ,489 (korrigiertes R-Quadrat = ,408)

Deskriptive Statistiken

Abhängige Variable: Ich bin mit dem Führungsstil meiner Führungskraft zufrieden.

Meine Führungskraft lässt mir Raum, mich selbst zu verwirklichen.	In Entscheidungen werde ich mit einbezogen.	Mittelwert	Standardabweichung	N
stimme überhaupt nicht zu	stimme überhaupt nicht zu	1,67	,985	12
	2	2,00	1,414	2
	3	2,00	.	1
	4	4,50	2,121	2
	Gesamt	2,06	1,391	17
2	stimme überhaupt nicht zu	2,00	1,414	4
	2	2,60	1,517	5
	Gesamt	2,33	1,414	9
3	stimme überhaupt nicht zu	2,50	1,049	6
	2	3,40	1,817	5
	3	3,33	,707	9
	4	4,33	,577	3
	5	2,00	.	1
	Gesamt	3,21	1,179	24
4	stimme überhaupt nicht zu	5,00	1,000	3
	2	3,25	1,708	4
	3	4,00	1,095	11
	4	4,46	1,266	13
	5	4,75	1,035	8
	stimme voll und ganz zu.	5,50	,707	2
	Gesamt	4,37	1,240	41
5	stimme überhaupt nicht zu	4,00	1,732	3
	2	4,00	1,581	5
	3	3,86	1,345	7
	4	4,47	1,179	17
	5	4,63	1,012	19
	stimme voll und ganz zu.	5,30	,675	10
	Gesamt	4,52	1,178	61
stimme voll und ganz zu.	stimme überhaupt nicht zu	5,00	.	1
	2	5,33	,577	3
	3	4,33	2,887	3
	4	4,38	1,847	8
	5	5,17	1,169	6
	stimme voll und ganz zu.	5,47	1,047	32
	Gesamt	5,19	1,331	53
Gesamt	stimme überhaupt nicht zu	2,59	1,593	29
	2	3,46	1,668	24
	3	3,74	1,290	31
	4	4,44	1,297	43
	5	4,68	1,121	34

Meine Führungskraft lässt mir Raum, mich selbst zu verwirklichen.	In Entscheidungen werde ich mit einbezogen.	Mittelwert	Standardabweichung	N
	stimme voll und ganz zu.	5,43	,950	44
	Gesamt	4,21	1,578	205

30

Profildiagramm

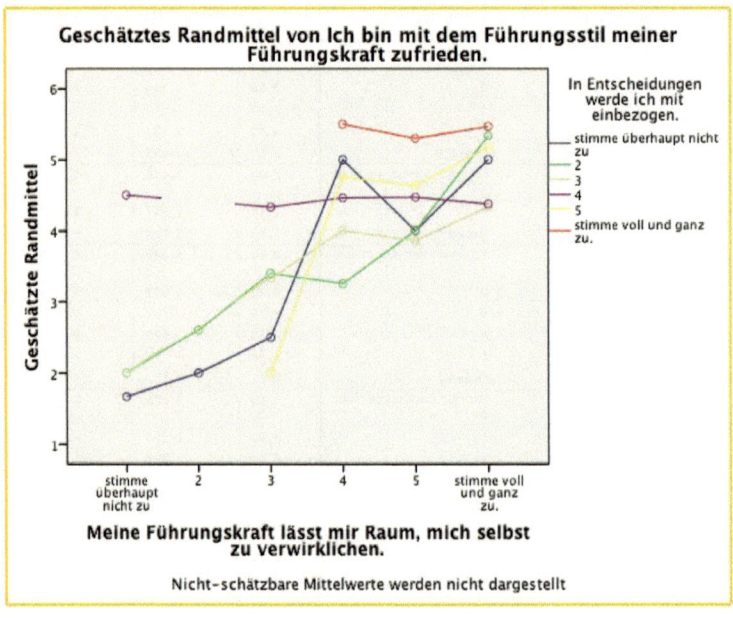

Literaturverzeichnis

Offline:

Bamberg Günter, Baur Franz, Krapp Michael (2008): Statistik – 14. Auflage. München: Oldenbourg Wissenschafts Verlag GmbH.

Hartung, Joachim (2005): Statistik. Lehr- und Handbuch der angewandten Statistik – 14. Auflage. München: Oldenbourg Wissenschafts Verlag GmbH.

Bol, Georg (2003): Induktive Statistik. Lehr- und Arbeitsbuch – 3. Auflage. München, Wien: Oldenbourg Wissenschafts Verlag GmbH.

Bleymüller Josef, Gehlert Günther, Gülicher Herbert (2000): Statistik für Wirtschaftswissenschaftler. 12. Auflage, München: Verlag Franz Vahlen GmbH.

Griffiths, Dawn (2009): Statistik von Kopf bis Fuß. Köln: O´Reilly Verlag.

VMÖ. Verband der Marktforscher Österreichs (2007): Handbuch der Marktforschung. Wien: Facultas Verlags- und Buchhandels AG.

Pepels, Werner (2004): Marketing – 4. Auflage. München: Oldenbourg Wissenschafts Verlag GmbH.

Janssen Jürgen, Laatz Wilfried (2007): Statistische Datenanalyse mit SPSS für Windows – 6. Auflage. Berlin Heidelberg: Springer Verlag GmbH.

Online:

Statista GmbH (2012): http://de.statista.com/statistik/lexikon/definition/95/normalverteilung/

Freie Universität Berlin (2012): http://web.neuestatistik.de/inhalte_web/content/MOD_
37161/comp_37202.html

Hochschulrechenzentrum der Universität Bonn (2012):http://www.hrz.uni-
bonn.de/rechner-und-software/pc-anwendungen/statistik/spss

Technische Universität Dresden (2012): http://elearning.tu-dresden.de/versuchsplanung/
e35/e2861/e2893/